# 找找看 美麗的世界

新雅編輯室　編

Messy Desk　繪

新雅文化事業有限公司
www.sunya.com.hk

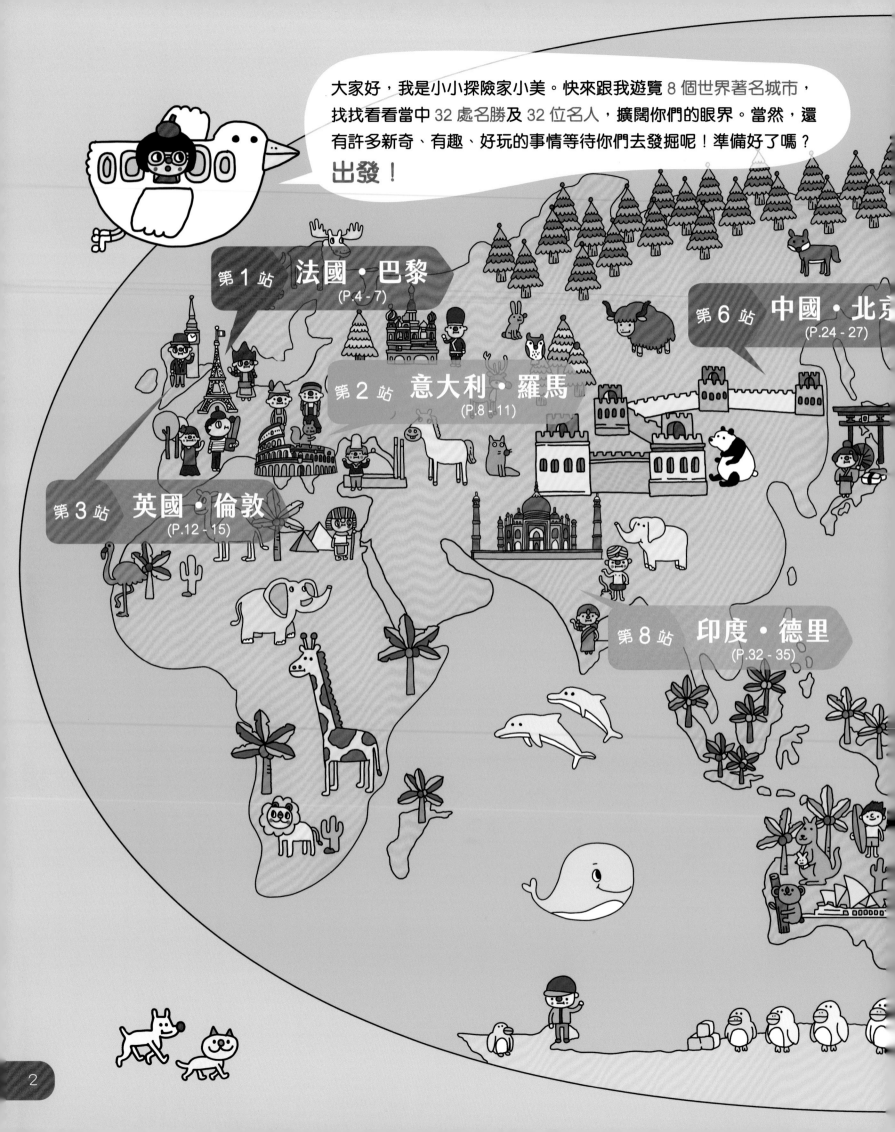

大家好，我是小小探險家小美。快來跟我遊覽 8 個世界著名城市，找找看看當中 32 處名勝及 32 位名人，擴闊你們的眼界。當然，還有許多新奇、有趣、好玩的事情等待你們去發掘呢！準備好了嗎？**出發！**

LET'S GO!

# 法國
# 巴黎

大人們都說法國是一個時尚的國家，但我最感興趣的是：在法國可以吃到甜甜的馬卡龍，夏天時可以在路邊的沙灘玩沙⋯⋯你想知道更多嗎？快來找找看吧！

艾菲爾鐵塔
Eiffel Tower

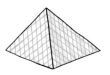
羅浮宮博物館
Louvre Museum

巴黎凱旋門
Arc de Triomphe

凡爾賽宮
Palace of Versailles

巴士德
Louis Pasteur

戴高樂
Charles de Gaulle

法布爾
Jean-Henri Fabre

聖女貞德
Joan of Arc

**小任務**

法布爾自小就喜歡親近大自然和觀察昆蟲，長大後更專注於昆蟲研究，為小朋友寫了許多科學方面的圖書，包括花了 39 年時間精心編寫的《昆蟲記》系列。請到書店或圖書館找找法布爾的《昆蟲記》系列，看看他介紹了哪些昆蟲。

你想認識更多有關法國的事情嗎？

## 法國小檔案

| | |
|---|---|
| **全稱** | 法蘭西共和國 |
| **位置** | 西歐 |
| **語言** | 法語 |
| **首都** | 巴黎 |
| **國旗** | 由藍、白、紅組成，稱為「三色旗」，象徵自由、平等和博愛。 |

**小任務**

請參考圓點的顏色，把法國的國旗塗上正確的顏色。

**Q:** 法國人怎樣打招呼？

Bonjour
啾

**A:** 法國人打招呼時會說「Bonjour」（讀音參考：bon-ZHOOR），還會觸碰對方的兩邊臉頰並發出「啾」的聲音，這稱為「臉頰禮」或「貼面禮」。你覺得這種打招呼方式是不是很熱情呢？

**小任務**

請用智能手機掃描右邊的 QR code，聽一聽「Bonjour」的發音，然後試試跟爸媽來一次法式打招呼。

**Q:** 法國人是怎樣的？

**A:** 法國人非常熱愛自己的文化和藝術，他們喜歡美麗的東西，也十分懂得生活的樂趣。在首都巴黎每年夏天 7 至 8 月期間，塞納河的路邊會堆放泥沙，將路邊變成臨時沙灘，讓人們在市區內也能曬曬太陽、玩玩泥沙，真是有趣啊！

還有一件有趣的事：巴黎的大部分咖啡店和餐廳都歡迎顧客帶同他們的寵物狗用餐。據說每 6 個巴黎人就有一個飼養小狗，不知道巴黎小狗的數量會不會比巴黎小朋友的數量還多呢？

**找找看**

第 4 至 5 頁隱藏了 29 隻不同的小狗，請與爸媽或朋友合作，把小狗全部找出來。

**Q:** 法國有什麼好吃的食物？

**A:** 法國菜聞名於世，法式蝸牛是其中一道出名的菜式，不過原來烹調此菜式前先要餓蝸牛兩星期，以清除牠們體內的髒東西！幸好，法國尚有許多美食是適合小朋友吃的，例如：色彩繽紛、香甜美味的馬卡龍，還有充滿牛油香味、酥脆的牛角包，當然不可缺少的是又長又脆的法國長麵包。法國長麵包有多長？據知舊式的法國長麵包可長達 2 米，那豈不是接近兩個小朋友合起來的高度！

**找找看**

第 4 至 5 頁隱藏了一些法國美食，請找出蝸牛、馬卡龍、牛角包和法國長麵包。

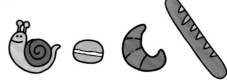

說起意大利，我馬上想起許多美食，就好像香脆可口的薄餅，又或是香氣撲鼻的意大利粉。還有，意大利人說話時總是動作多多、表情豐富，真是生動有趣啊！你想知道更多嗎？快來找找看吧！

羅馬鬥獸場
Colosseum

特雷維噴泉
Trevi Fountain

萬神殿
Pantheon

真理之口
Mouth of Truth

伽利略
Galileo Galilei

哥倫布
Christopher Columbus

凱撒大帝
Julius Caesar

達文西
Leonardo da Vinci

## 小任務

羅馬是意大利的首都，然而羅馬卻包圍着一個細小的國家——梵蒂岡，也就是天主教教宗的所在地。自 1506 年起，梵蒂岡聘用瑞士近衛隊來保護教宗。請從網上找一找瑞士近衛隊隊員的服飾是怎樣的，然後在大圖中找出 5 位瑞士近衛隊隊員。

你想認識更多有關意大利的事情嗎？

## 意大利小檔案

**全稱** 意大利共和國

**位置** 歐洲中南部

**語言** 意大利語

**首都** 羅馬

**國旗** 從左至右是綠色、白色和紅色，象徵自由、平等和博愛，也有說是象徵美麗的國土、正義及和平的精神，以及愛國者的熱血。

**小任務**

請參考圓點的顏色，把意大利的國旗塗上正確的顏色。

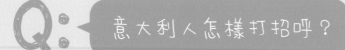

**Q:** 意大利人怎樣打招呼？

**A:** 意大利人打招呼時會說「Ciao」(讀音參考：chau)，還會互相擁抱、拍打對方的背部。這種打招呼方式很溫暖啊！你喜歡溫暖的擁抱嗎？

ciao　ciao

**小任務**

請用智能手機掃描右邊的 QR code，聽一聽「Ciao」的發音，然後試試跟爸媽來一次意式打招呼。

**Q: 意大利人是怎樣的？**

**A:** 意大利人是唯美主義者，他們出外時總是精心裝扮，務求以最佳的形象示人。他們是熱情的人，擅於表達，說話時常常配以手勢或身體語言。你是否覺得右邊的手勢似曾相識呢？

意大利人愛華衣、美食、足球和汽車，也愛小動物。在意大利，殺害流浪貓是犯法的，所以即使是流浪貓也會得到餐廳主人給予食物，或是受到流浪貓庇護所內貓女士的呵護。

Bellissima!（漂亮）

Perfetto!（完美）

Che furbo（聰明）

### 找找看

第 8 至 9 頁隱藏了 28 隻不同的小貓，請與爸媽或朋友合作，把小貓全部找出來。

---

**Q: 意大利有什麼好吃的食物？**

**A:** 意大利薄餅和意式麵食是最為人熟悉的意大利美食。在意大利，除了可以買整個薄餅外，還可以買已切成塊狀的薄餅，這些薄餅的價錢是以重量來計算的；而意式麵食的款式更是多不勝數，例如：意大利粉、天使麵、通心粉、螺絲粉、闊條麵，還有中空的吸管粉、如米粒般的米粒麵、如輪子般的車輪麵……你喜歡哪種意式麵食呢？

當然，說起意大利美食，又怎可以缺少意式雪糕呢！與一般雪糕相比，意式雪糕的脂肪較少、所含的空氣也較少，所以味道濃郁，口感豐富。

### 找找看

第 8 至 9 頁隱藏了不同款式的意式麵食，請找出下方 5 款意式麵食。

通心粉

直通粉

車輪麵

螺絲粉

米粒麵

# 英國倫敦

英國倫敦給人的印象是：經常下雨，沒什麼好吃的食物。其實，事實並非如此。英國倫敦每年的總雨量跟法國巴黎差不多；而英式早餐則是歐洲早餐之中最豐富的，食物種類繁多，焗豆、香腸、煙肉、薯餅、多士等等，真是可口美味！你想知道更多嗎？快來找找看吧！

倫敦眼
London Eye

倫敦塔橋
Tower Bridge

伊利沙伯塔
Elizabeth Tower

白金漢宮
Buckingham Palace

莎士比亞
William Shakespeare

牛頓
Isaac Newton

達爾文
Charles Darwin

南丁格爾
Florence Nightingale

## 小任務

英國除了真實的名人外，還有一些出名的虛構人物，包括一位偉大的偵探、一位會魔法的男孩和一位傻氣的英國先生。請從網上找一找以下人物的造型是怎樣的，然後在大圖中找出他們，並在☐內加✓。

☐ 福爾摩斯
☐ 哈利波特
☐ 戇豆先生

13

你想認識更多有關英國的事情嗎？

UK

# 英國小檔案

**全稱** 大不列顛及北愛爾蘭聯合王國（由英格蘭、蘇格蘭、北愛爾蘭和威爾斯所組成）

**位置** 歐洲西北方、北大西洋

**語言** 英語

**首都** 倫敦

**國旗** 英國的國旗稱為「聯合旗」或「聯合傑克」，融合英格蘭、蘇格蘭與北愛爾蘭三個構成國的旗幟。三個構成國的旗幟全都使用十字圖樣：英格蘭旗為白底與紅色十字 ，蘇格蘭旗為藍底與白色斜十字 ，北愛爾蘭旗為白底與紅色斜十字 。

**小任務**

請參考圓點的顏色，把英國的國旗塗上正確的顏色。

---

**Q:** 英國人怎樣打招呼？

Hello!

**A:** 英國人打招呼時會說「Hello」（讀音參考：heh-loh），也會以握手方式來問候剛認識的人。英國人喜歡在早上跟別人說「Good Morning」，祝福對方一整天都能心情愉悅。小朋友，你知道英國人在下午或晚上會怎樣問候別人嗎？對了，分別是說「Good Afternoon」和「Good Evening」。

**小任務** 請用智能手機掃描右邊的 QR code，聽一聽「Hello」的發音，然後試試跟爸媽來一次英式打招呼。

**Q：** 英國人是怎樣的？

**A：** 英國人給人的印象是守規矩、有禮貌，總是把「Thank you」、「Excuse me」等掛在嘴邊。與熱情的意大利人相比，英國人顯得較為低調，不過他們一般都很有幽默感，不論是英國皇室、政治、別人，甚至是他們自己，都可以拿來開玩笑。

部分英國人是英國皇室的支持者，不過更多英國人是運動的支持者，當中以足球最受歡迎，其他受歡迎的運動還包括欖球、網球和板球。

### 找找看

除了英國皇室家族外，英國足球名將大衞．碧咸（David Beckham）一家也很受歡迎。請與爸媽或朋友比賽，在12至13頁找出碧咸、他的太太和他的三名兒子和一名女兒。

**Q：** 英國有什麼好吃的食物？

**A：** 多士、三明治、炸魚⋯⋯大多數小朋友都愛吃吧！其實，這些都是常見的英式食物，其中三明治的由來有一個有趣的故事。據說，約翰·孟塔古——第四代三明治伯爵（John Montagu, 4th Earl of Sandwich）熱愛紙牌遊戲，為了節省吃飯的時間，他命人把肉類、蔬菜等食物夾在兩片麵包中間，方便他邊吃飯邊玩紙牌。於是，這種食物就以他的封號（Sandwich）來命名了！

英式早餐是英國飲食文化的重要部分，有別於歐陸早餐的簡便配搭，英式早餐的食物選擇繁多。一份豐富的英式早餐包括焗豆、煎蛋、香腸、煙肉、烤番茄、蘑菇、薯餅、黑布丁（血腸）、白布丁（一般含燕麥）等選擇，再配以多士或麵包，以及橙汁、紅茶或咖啡。

### 找找看

第12至13頁隱藏了一些英式早餐的食物，請找出下方6款食物，組成一份英式早餐。

煎蛋

香腸
紅茶

焗豆

多士

煙肉

自從哥倫布發現美洲新大陸後，歐洲以至世界各地很多人們移居到美國，形成現今匯聚了不同人種和文化的美國。紐約是美國的大城市，在這裏摩天大廈林立，不過也有一個超級巨型的花園，讓人們可以在這裏進行划船、溜冰、打球、放風箏、騎單車等各種各樣的活動。你想知道更多嗎？快來找找看吧！

## 找找看

請在大圖中找出以下事物。

**自由女神像**
Statue of Liberty

**世界貿易中心一號大樓**
One World Trade Center

**帝國大廈**
Empire State Building

**中央公園**
Central Park

**愛迪生**
Thomas Edison

**華盛頓**
George Washington

**愛因斯坦**
Albert Einstein

**林肯**
Abraham Lincoln

## 小任務

在電影中，多名超級英雄都曾經在紐約出現，包括一位披着黑色斗篷的戰士、一位會吐絲的先生和一位披着紅色斗篷的超能人士。小朋友，你認識這些人物嗎？請在大圖中找出以下人物，並在□內加✓。

□ 蝙蝠俠　　□ 蜘蛛俠　　□ 超人

你想認識更多有關
美國的事情嗎？

USA

# 美國小檔案

**全稱** 美利堅合眾國（由 50 個州、華盛頓哥倫比亞特區、5 個自治領土及外島所組成）

**位置** 北美

**語言** 英語

**首都** 華盛頓哥倫比亞特區（簡稱華盛頓）

**國旗** 白色和紅色條子象徵獨立戰爭時參戰的 13 個州，而國旗上星星的數量則代表州份的數量，由最早期 13 顆星發展至現今 50 顆星。顏色方面，紅色象徵勇氣，白色象徵真理，藍色則象徵正義。

**小任務**

請參考圓點的顏色，把美國的國旗塗上正確的顏色。

---

**Q：** 美國人怎樣打招呼？

**A：** 美國人打招呼時會說「Hello」（讀音參考：heh-loh），並與對方握手（對於較熟悉的人，可輕輕擁抱對方）。
「Hey / Hey guys」和「Hi / Hi there」也是常見的打招呼用話。年輕人也會以身體動作表示友好，例如：以拳頭相碰（fist bump）或舉手擊掌（high five）等。

**小任務** 請用智能手機掃描右邊的 QR code，聽一聽「Hello」的發音，然後試試跟爸媽來一次美式打招呼。

**Q:** 美國人是怎樣的？

**A:** 美國人給人的印象是友善、自信和積極樂觀。你聽說過美國夢（American dream）嗎？美國人相信，任何人在美國只要努力不懈，就有機會擁有成功和快樂的人生。

美國人很喜歡球類運動，例如：棒球、籃球和美式足球。當中以棒球最受歡迎，不少美國人小時候都曾經玩過類似棒球的運動，這種運動稱為「Stickball」，器具包括木棒和彈性小球。你只要找一些朋友和一個空地就可以玩這種球了！

## 找找看

紐約洋基（New York Yankees）和紐約大都會（New York Mets）是紐約兩大棒球隊，各自擁有不少忠實的球迷，這些球迷喜歡穿戴他們所擁護的球隊的服飾。請與爸媽或朋友合作，在第 16 至 17 頁找出 5 位紐約洋基的球迷及 5 位紐約大都會的球迷。

紐約洋基球迷　　紐約大都會球迷

**Q:** 美國有什麼好吃的食物？

**A:** 美國最出名的食物必定是快餐和小吃了！漢堡包、熱狗、甜甜圈、蘋果批、水牛城辣雞翼、爆谷、花生醬三明治、巧克力碎曲奇餅……小朋友，你喜歡這些食物嗎？

在以上食物當中，熱狗可算是最廣受美國人歡迎。我們一般吃到的熱狗是在麵包之中夾着法蘭克福腸，並加上芥末、番茄醬、醃漬瓜果等配料。然而在美國，不同州就發展出不同特色的熱狗：以紐約為例，除了常見的熱狗外，還有 bagel dog（以貝果麵包包裹着香腸的熱狗，外貌與港式腸仔包相似）和 white hot（一種白色香腸的熱狗）等。每年在紐約的康尼島更會舉行熱狗競食大賽呢。

## 找找看

第 16 至 17 頁隱藏了不同款式的熱狗，請找出下方 8 款熱狗。

# 澳洲 悉尼

澳洲悉尼是南半球最繁華的城市之一，既現代化又與大自然融和。這片遼闊的土地原本只有澳洲土著居住，後來英國把一些囚犯流放到澳洲。這些囚犯和一些自由移民發展畜牧、生產羊毛、開採金礦等活動，漸漸開闢了全新的天地……澳洲人真是厲害啊！你想知道更多嗎？快來找找看吧！

# 找找看

請在大圖中找出以下事物。

**悉尼歌劇院**
Sydney Opera House

**悉尼港灣大橋**
Sydney Harbour Bridge

**悉尼塔**
Sydney Tower

**邦迪海灘**
Bondi Beach

**梅鐸**
Rupert Murdoch

**伯內特**
Frank Macfarlane Burnet

**梅爾巴**
Nellie Melba

**史帝夫・厄文**
Steve Irwin

# 小任務

在很久以前，澳洲與亞洲大陸板塊分離，從此自成一片天地，使得許多動物都是澳洲獨有的。請與爸媽一起在圖書或網上找出以下澳洲獨有的動物的資料，看看哪種是有袋動物，即動物媽媽身上長有育幼袋，在大圖中找出來，並在□內加✓。

□ 袋鼠（Kangaroo）

□ 袋獾（Tasmanian devil）

□ 樹熊（Koala）

□ 袋熊（Wombat）

21

你想認識更多有關澳洲的事情嗎？

## 澳洲小檔案

**全稱** 澳洲聯邦

**位置** 澳洲

**語言** 英語

**首都** 坎培拉

**國旗** 左上角的英國國旗圖案象徵澳洲是屬於英聯邦；下方的七角星星稱為「聯邦星星」，代表澳洲聯邦；而右邊的 5 顆星星組成太平洋上空的南十字星座，象徵澳洲位處於南半球的地理位置。

**小任務**

請參考圓點的顏色，把澳洲的國旗塗上正確的顏色。

---

**Q:** 澳洲人怎樣打招呼？

**A:** 澳洲人打招呼時會說「Hello」(讀音參考：heh-loh)，或使用澳洲俚語「G'day」，即「Good Day」的縮寫。另外，由於澳洲部分地方蒼蠅較多，人們時常要用手在自己面前撥動以驅趕蒼蠅。這種驅趕蒼蠅的動作發展成澳洲人的獨特打招呼手勢，稱為「澳洲舉手禮」。

**小任務**

請用智能手機掃描右邊的 QR code，聽一聽「Hello」的發音，然後試試跟爸媽來一次「澳洲舉手禮」。

## Q: 澳洲人是怎樣的？

Baggy Green 徽章　　澳洲國徽

A: 早期到澳洲居住的歐洲人主要來自英國，及後世界各地的人們紛紛選擇到澳洲定居，形成了現今多元文化的澳洲。澳洲人熱心、友善、隨和，做事不慌不忙。他們熱愛陽光與海灘，喜歡各種戶外活動，例如：游泳、滑浪、曬太陽、跑步、溜冰等等。

與英國同伴一樣，澳洲人也很喜歡板球，板球堪稱是澳洲的國民運動。澳洲板球對抗賽的隊員都會獲派一頂稱為「Baggy Green」的墨綠色帽子，這頂帽子已成為澳洲板球隊的重要傳統之一。帽子上的徽章與澳洲國徽相似，兩者上面都有兩種澳洲獨有的動物圖案：袋鼠和鴯鶓。

### 找找看

鴯鶓（Emu）的體型僅次於鴕鳥，是世界上第二大的鳥類。鴯鶓長有一對細小的翅膀，羽毛一般呈啡色。牠們不會飛，卻很會跑。第 20 至 21 頁隱藏了 20 隻鴯鶓，請與爸媽或朋友合作，把鴯鶓全部找出來。

## Q: 澳洲有什麼好吃的食物？

A: 澳洲人愛吃「Barbie」！放心，這個「Barbie」並不是指芭比洋娃娃，而是代表「Barbecue」的澳洲俚語，即燒烤。澳洲人愛吃的燒烤食物有羊肉、香腸、大蝦，以及各式各樣的肉類，當中包括了澳洲特有的袋鼠肉和鴯鶓肉。

澳洲還有一種獨特的甜點，那就是巴伐洛娃蛋糕。巴伐洛娃蛋糕以蛋白酥為餅底，配以忌廉和水果，據說這款蛋糕是以俄羅斯芭蕾舞者安娜·巴伐洛娃（Anna Pavlova）命名的，紀念她曾造訪澳洲和新西蘭。這款蛋糕的外層酥脆、內層柔軟，於澳洲和新西蘭十分流行。

### 找找看

第 20 至 21 頁隱藏了一些燒烤食物，請找出下方 5 款燒烤食物，組成一份燒烤餐。

羊排　　大蝦　　香腸

番茄　　雞翼

# 中國 北京

中國最後兩個朝代——明朝和清朝——先後遷都至北京，在這裏有古代皇朝的古老建築，也有新世代的現代建築。當你來到北京遊覽時，就好像跨越時空一般，讓你大開眼界。你想知道更多嗎？快來找找看吧！

**萬里長城**
Great Wall of China

**天壇**
Temple of Heaven

**故宮**
Forbidden City

**國家體育場**
Beijing National Stadium

**孫中山**
Sun Yat-sen

**孔子**
Confucius

**秦始皇**
Qin Shi Huang

**李白**
Li Bai

## 小任務

中國除了熊貓外，還有 12 種動物十分出名，那就是 12 生肖中的動物。小朋友，你認識哪些 12 生肖的動物？請在大圖中找出 12 隻化身成人形的 12 生肖，並在 □ 內加 ✓。

□ 1. 鼠　　□ 2. 牛　　□ 3. 虎

□ 4. 兔　　□ 5. 龍　　□ 6. 蛇

□ 7. 馬　　□ 8. 羊　　□ 9. 猴

□ 10. 雞　□ 11. 狗　□ 12. 豬

你想認識更多有關中國的事情嗎?

## 中國小檔案

| | |
|---|---|
| **全稱** | 中華人民共和國 |
| **位置** | 亞洲東部 |
| **語言** | 漢語 |
| **首都** | 北京 |
| **國旗** | 中國的國旗又稱「五星紅旗」,紅色底色象徵革命,旗上的五顆五角星及其相互關係象徵共產黨領導下的革命人民大團結。 |

**小任務**

請參考圓點的顏色,把中國的國旗塗上正確的顏色。

你好,吃飯了嗎?

**Q:** 中國人怎樣打招呼?

**A:** 古代中國素有「禮儀之邦」的美譽,人們十分講究禮節,一般最常見的禮節有打拱、作揖和跪拜三種。時至今日,禮節化繁為簡,現代的中國人打招呼時會說「你好」,同時向對方點頭或互相握手。

**小任務**

請用智能手機掃描右邊的 QR code,聽一聽中國不同語言或方言的「你好」的發音,然後跟爸媽說一說。

普通話

上海話

廣東話

閩南話

## Q: 中國人是怎樣的？

A: 中國是一個多民族的國家，由漢族和55個少數民族組成。由於漢族佔中國人口超過90%，所以一般所指的中國人是指漢族。

中國人長幼有序、追求和諧的人際關係，他們重視家庭和朋友，喜歡聯誼活動，如在清明節和重陽節時拜祭祖先、在農曆新年時互相拜訪、在冬至時與家人團聚吃飯等。

中國人熱愛球類活動，如羽毛球、乒乓球等；他們也愛動腦筋的棋類或策略性遊戲，例如：中國象棋、圍棋、麻將等。

### 找找看

第24至25頁隱藏了一些少數民族的人們，請參考下方4個少數民族的服飾，把她們找出來。

滿族　　回族　　蒙古族　　苗族

## Q: 中國有什麼好吃的食物？

A: 中國地大物博，不同地方的菜式各具特色。川菜、魯菜、粵菜、蘇菜、閩菜、徽菜、湘菜和浙菜組成中國的八大菜系：川菜口味辛辣，代表菜式有回鍋肉；魯菜講究技巧，代表菜式有蔥燒海參；粵菜注重原汁原味，代表菜式有燒鵝；蘇菜口味清淡，代表菜式有紅燒獅子頭；閩菜以海鮮聞名，代表菜式有佛跳牆；徽菜擅用山珍野味，代表菜式有火腿燉甲魚；湘菜辣味豐富，代表菜式有剁椒魚頭；浙菜小巧精緻，代表菜式有東坡肉。你喜歡哪個菜系？你吃過以上哪些代表菜式呢？

### 找找看

廣東點心是粵菜美食之一。第24至25頁隱藏了一些廣東點心，請找出下方5款食物，組成一份點心餐。

　　腸粉　　

馬拉糕　　　　　　　叉燒包

蝦餃　　　　燒賣

日本東京是個既先進又傳統的城市：各種高科技的電子產品、新奇有趣的小玩意，表現出人們的活力和創意；傳統的文化、節日和娛樂活動，表現出人們對文化的傳承和熱愛。你想知道更多嗎？快來找找看吧！

## 找找看　請在大圖中找出以下事物。

東京晴空塔
Tokyo Skytree

彩虹大橋
Rainbow Bridge

東京巨蛋城
Tokyo Dome City

淺草寺
Sensō-Ji

德川家康
Tokugawa Ieyasu

手塚治虫
Osamu Tezuka

安藤百福
Momofuku Ando

宮崎駿
Hayao Miyazaki

## 小任務

宮崎駿是日本有名的動畫大師，曾執導許多受歡迎的動畫電影，包括：《風之谷》、《天空之城》、《龍貓》、《魔女宅急便》、《千與千尋》、《哈爾移動城堡》、《崖上的波兒》等。請在網上或圖書館找找宮崎駿的作品？你最愛他的哪些作品呢？

29

你想認識更多有關日本的事情嗎？

## 日本小檔案

**全稱** 日本

**位置** 東北亞

**語言** 日語

**首都** 東京

**國旗** 日本國旗又名「日章旗」或「日之丸」，是一面白色長方形旗幟，中央有一個代表太陽的紅色圓形。

**小任務**

請參考圓點的顏色，把日本的國旗塗上正確的顏色。

**Q:** 日本人怎樣打招呼？

**A:** 日本人非常注重禮貌，他們打招呼時會說「今日は」（讀音參考：kon-NEE-chee-wa)，還會向對方鞠躬，有時甚至彎腰行禮好幾次！至於鞠躬的幅度則視乎場合及對方的輩分，由一般的簡單點頭、微微鞠躬，至深深鞠躬，來表示對對方的尊重和敬意。

**小任務**

請用智能手機掃描右邊的 QR code，聽一聽「今日は」的發音，然後試試跟爸媽來一次日式打招呼。

## Q：日本人是怎樣的？

A：中國父母常常教導孩子要多唸書，但日本父母則常常提醒孩子別給他人添麻煩。因此，只要稍微麻煩了別人，日本人便會趕緊說聲「對不起」，請求別人原諒。日本人更視這項原則為生活的準則，所以孩子不給父母或他人帶來麻煩，能獨立生活，才會被視為真正長大成人啊！

日本人既重視傳統，又具創意，形成非常獨特的日本文化。他們愛傳統的活動，如：相撲、劍道、柔道、茶道、摺紙等；也愛現代的活動，如：漫畫、動畫等。此外，他們還喜歡一些休閒的活動，例如：泡溫泉、賞櫻花等。

### 找找看

第 28 至 29 頁隱藏了一些穿着和服的人們，請參考下方 5 個穿着和服的人，把他們找出來。

## Q：日本有什麼好吃的食物？

A：日本有許多好吃的食物，就好像：日式火鍋、天婦羅、壽司、魚生、烤雞肉串、炸豬排、涮牛肉片、拉麵……真是數也數不完，而且食物的賣相也非常精緻吸引。壽司是最受歡迎的食物之一，並細分成多種類別。你吃過下圖哪些類別的壽司呢？

另外，日本人進食湯麵的方式非常特別，他們會呼嚕嚕地大聲吃湯麵。這樣吃並不是沒有禮貌的表現，而是代表他們很享受這碗湯麵，據說這樣吃還能增加湯麵的風味呢。

### 找找看

紅豆銅鑼燒是什麼？就是多啦 A 夢最愛吃的日式甜品——豆沙包！第 28 至 29 頁隱藏了 15 個紅豆銅鑼燒，請與爸媽或朋友合作，把紅豆銅鑼燒全部找出來。

軍艦壽司

腐皮壽司

卷壽司

握壽司

箱壽司

散壽司

手卷

# 印度
## 德里

印度是世界古文明的發源地之一，充滿了多姿多彩的文化和宗教色彩。印度人喜歡在食物裏混入複雜的香草，還喜歡吃各種甜的、鹹的、脆的、軟的……印度麵餅。這些文化的氣息和食物的味道真是豐富啊！你想知道更多嗎？快來找找看吧！

## 找找看

請在大圖中找出以下事物。

靈曦堂
Lotus Temple

古達明納塔
Qutb Minar

賈瑪清真寺
Jama Masjid

印度門
Indian Gate

聖雄甘地
Mahatma Gandhi

阿卜杜爾‧卡拉姆
A. P. J. Abdul Kalam

德蘭修女
Mother Teresa

釋迦牟尼
Gautama Buddha

## 小任務

甘地原名莫罕達斯‧卡拉姆昌德‧甘地，是印度的政治家和民族運動的領導者，被人們尊稱為「聖雄甘地」。1930 年，聖雄甘地為了抗議英國政府制定的《食鹽專營法》，帶領羣眾展開長達 20 多天的徒步旅程至海邊以收集海鹽，這場和平示威活動稱為什麼？

☐ 食鹽長征
☐ 海水長征
☐ 印度長征

33

你想認識更多有關印度的事情嗎？

## 印度小檔案

**全稱** 印度共和國

**位置** 亞洲南部

**語言** 印度語、英語

**首都** 新德里，位於德里的其中一個都市

**國旗** 由上至下是橙色、白色和綠色。橙色代表力量和勇氣；白色代表和平和真理，白色中央的藍色徽章代表「法輪」；綠色代表繁榮。

**小任務**

請參考圓點的顏色，把印度的國旗塗上正確的顏色。

**Q：** 印度人怎樣打招呼？

**A：** 印度人打招呼時會說「नमस्ते」（讀音參考：nah-mas-tee），雙手合十，微微彎腰。為表達對長者的尊敬，有些印度人會跪下觸摸對方的腳。

**小任務**

請用智能手機掃描右邊的 QR code，聽一聽「नमस्ते」的發音，然後試試跟爸媽來一次印度式打招呼。

**Q:** 印度人是怎樣的？

**A:** 你有見過印度人一邊左右擺頭、一邊說話嗎？印度人很喜歡左右擺頭嗎？不知道呢！不過，大部分的印度人都很喜歡與人談天說地。對印度人來說，家人和朋友是非常重要的。

當然，宗教對印度人來說也十分重要，甚至在他們生活中扮演了中心和決定性的角色。印度是佛教的發源地，但時至今日，印度已發展成為一個多宗教的國家，包括：印度教、伊斯蘭教、錫克教、佛教、耆那教等。

在娛樂方面，美國有荷里活（Hollywood）電影，印度有波里活（Bollywood）電影。事實上，印度人很喜歡看載歌載舞的電影，印度孟買是波里活電影的基地，每年製作超過 1,000 套歌舞片呢！

**找找看**

印度教是印度最大的宗教，而牛在印度教中擁有特別的地位，所以在印度的城市不難會在街上看到「閒逛」中的牛。第 32 至 33 頁隱藏了 20 隻牛，請與爸媽或朋友合作，把牛全部找出來。

---

**Q:** 印度有什麼好吃的食物？

**A:** 宗教不單影響印度人的生活，也影響他們的飲食，例如：印度教禁止吃牛肉、伊斯蘭教禁止吃豬肉，所以印度的肉食以羊肉、雞肉及海鮮為主。此外，也有許多印度人因宗教原因，成為素食者。

在印度食物之中，咖喱的口味和款式繁多，和印度麵餅或米飯是絕配。印度人習慣使用右手吃飯，右手絕對是他們進食的最佳工具。以吃印度麵餅為例，他們能單手撕下一小塊麵餅，更能單手用麵餅包裹配菜，也能單手用麵餅把盤子上的剩餘食物舀起，真是令人佩服！

**找找看**

我們最常吃到的印度麵餅是口感鬆化的「naan」，不過印度麵餅其實非常多元化。第 32 至 33 頁隱藏了一些印度麵餅食物，請找出下方 3 款食物，組成一份印度麵餅餐。

Panipuri　　Dosa　　Papri-chaat

# 答案

## 法國 · 巴黎

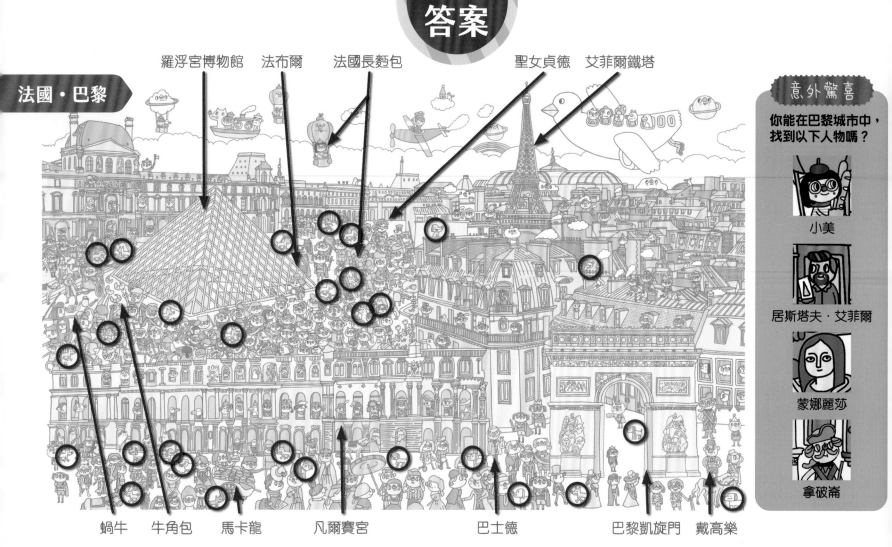

羅浮宮博物館　法布爾　法國長麵包　　聖女貞德　艾菲爾鐵塔

蝸牛　牛角包　馬卡龍　凡爾賽宮　巴士德　巴黎凱旋門　戴高樂

### 意外驚喜

你能在巴黎城市中，找到以下人物嗎？

小美

居斯塔夫 · 艾菲爾

蒙娜麗莎

拿破崙

## 意大利 · 羅馬

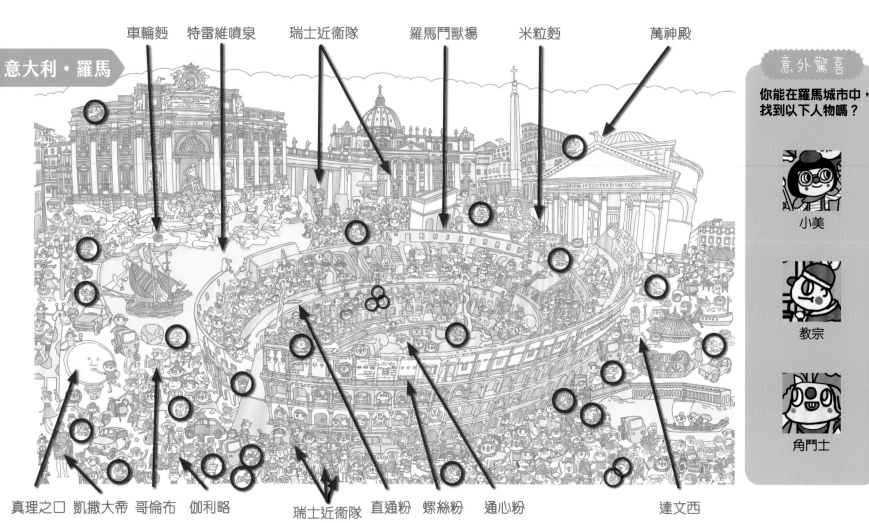

車輪麵　特雷維噴泉　瑞士近衛隊　羅馬鬥獸場　米粒麵　萬神殿

真理之口　凱撒大帝　哥倫布　伽利略　瑞士近衛隊　直通粉　螺絲粉　通心粉　達文西

### 意外驚喜

你能在羅馬城市中，找到以下人物嗎？

小美

教宗

角鬥士

牛頓　倫敦塔橋　哈利波特　伊利沙伯塔　倫敦眼　福爾摩斯　紅茶

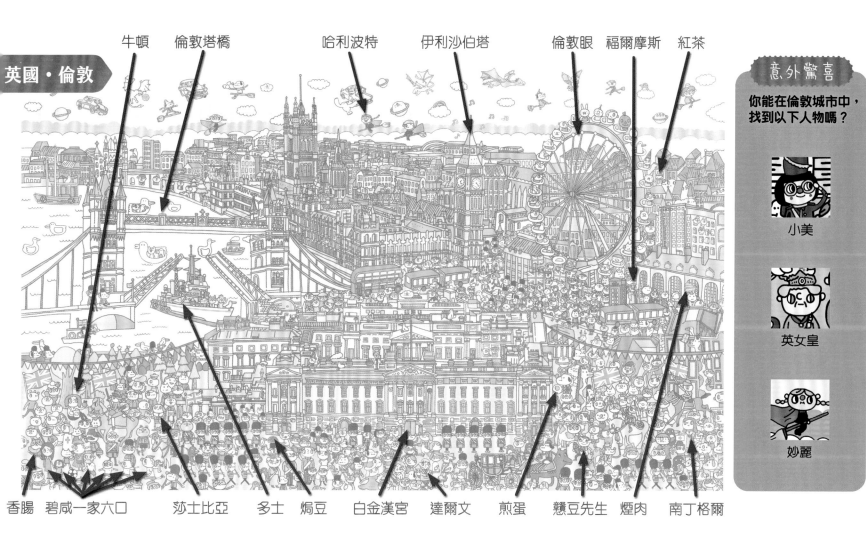

香腸　碧咸一家六口　莎士比亞　多士　焗豆　白金漢宮　達爾文　煎蛋　懵豆先生　煙肉　南丁格爾

意外驚喜

你能在倫敦城市中，找到以下人物嗎？

小美

英女皇

妙麗

蝙蝠俠　超人　蜘蛛俠　世界貿易中心一號大樓　帝國大廈　紐約大都會球迷　自由女神像

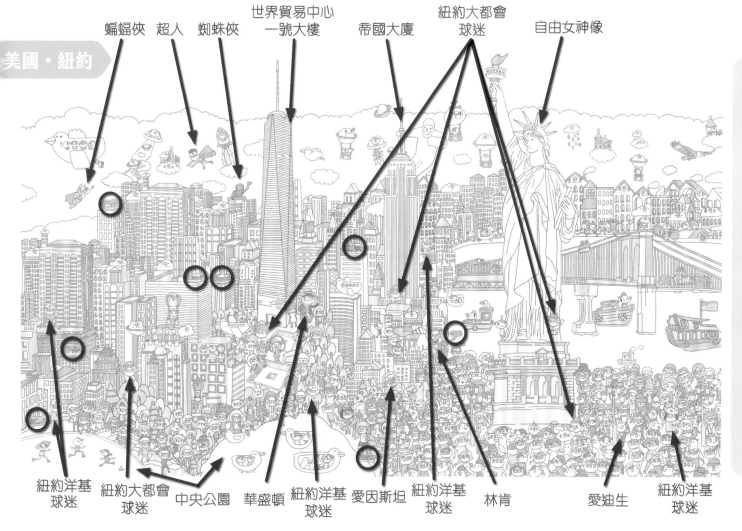

紐約洋基球迷　紐約大都會球迷　中央公園　華盛頓　紐約洋基球迷　愛因斯坦　紐約洋基球迷　林肯　愛迪生　紐約洋基球迷

意外驚喜

你能在紐約城市中，找到以下人物嗎？

小美

金剛

奧巴馬

雞翼　悉尼歌劇院　梅爾巴　袋鼠　番茄　史帝夫・厄文　悉尼塔　樹熊　袋熊

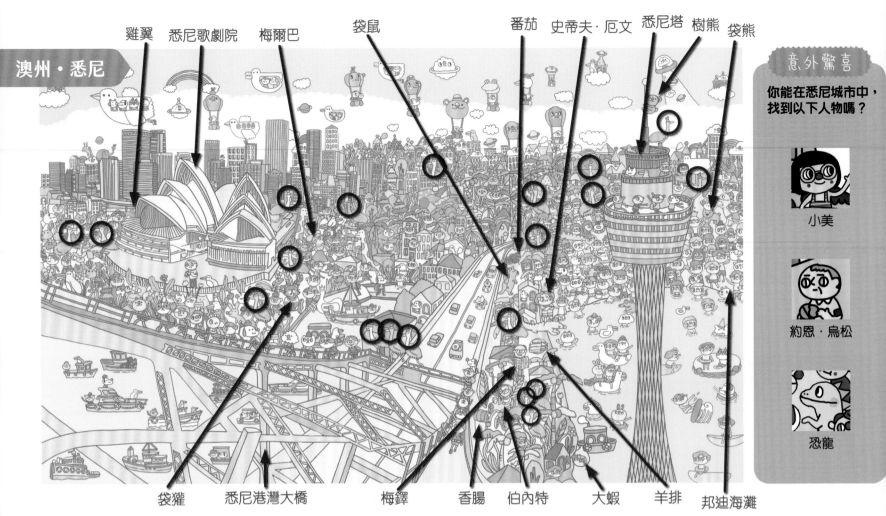

袋獾　悉尼港灣大橋　梅鐸　香腸　伯內特　大蝦　羊排　邦迪海灘

你能在悉尼城市中，找到以下人物嗎？

小美

約恩・烏松

恐龍

燒賣　萬里長城　馬拉糕　故宮　孔子　李白　腸粉　苗族　天壇

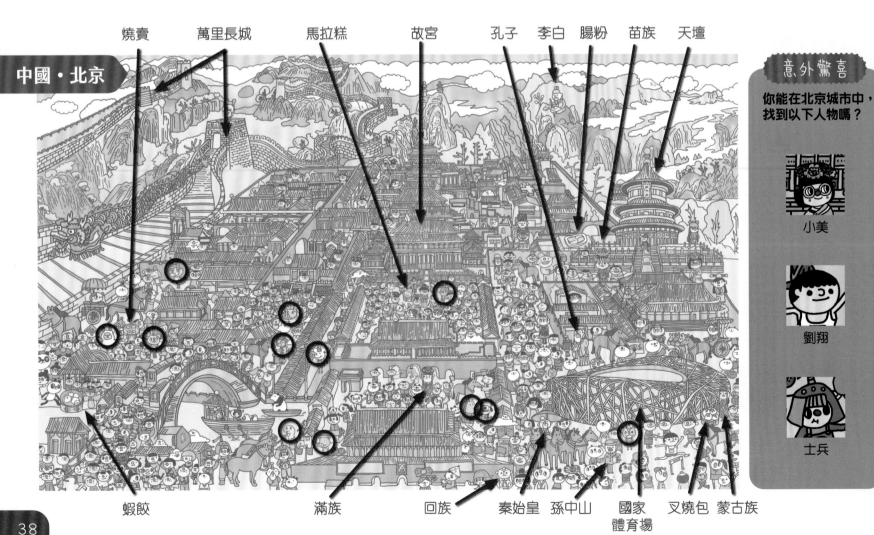

蝦餃　滿族　回族　秦始皇　孫中山　國家體育場　叉燒包　蒙古族

意外驚喜

你能在北京城市中，找到以下人物嗎？

小美

劉翔

士兵

東京晴空塔　　　淺草寺　　　手塚治虫　　　　　德川家康　東京巨蛋城　宮崎駿

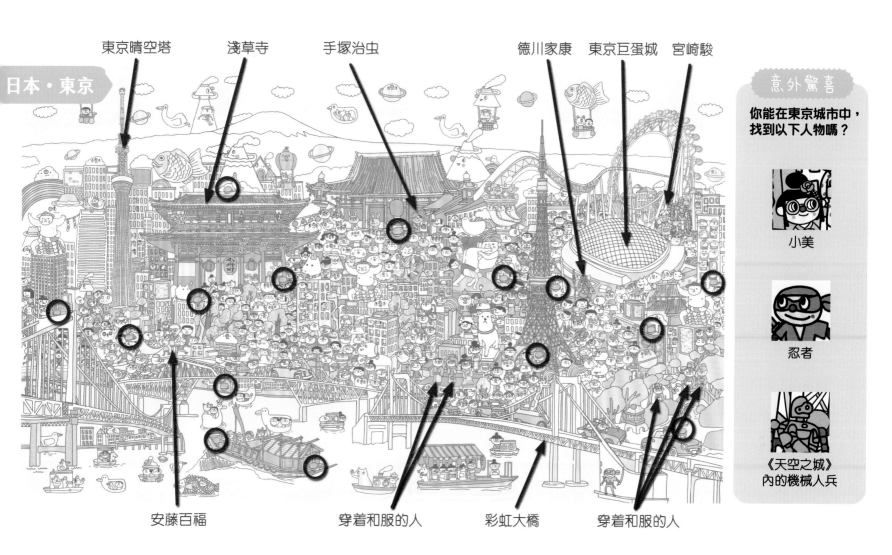

你能在東京城市中，
找到以下人物嗎？

小美

忍者

《天空之城》
內的機械人兵

安藤百福　　　　　穿着和服的人　　　彩虹大橋　　　穿着和服的人

古達明納塔　靈曦堂　印度門　　阿卜杜爾・卡拉姆　　賈瑪清真寺　　Dosa　　釋迦牟尼　Panipuri

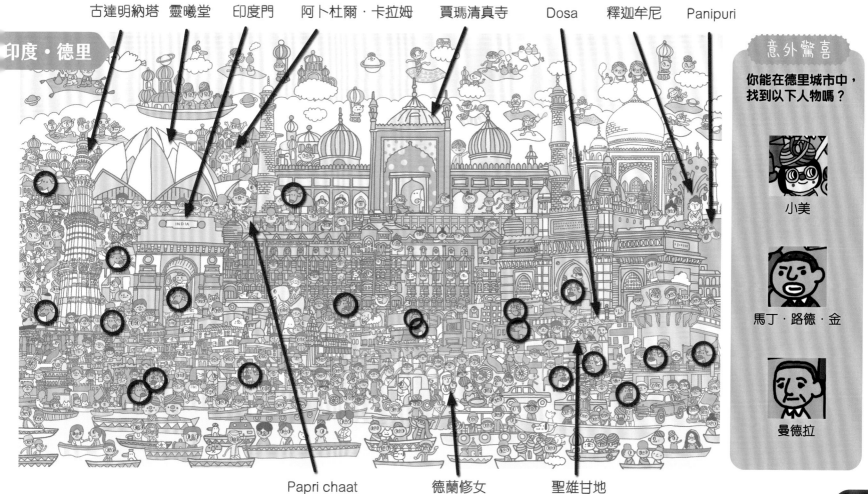

你能在德里城市中，
找到以下人物嗎？

小美

馬丁・路德・金

曼德拉

Papri chaat　　　　德蘭修女　　　聖雄甘地

**新雅・知識館**

**找找看，美麗的世界**

作者：新雅編輯室

繪圖：Messy Desk

責任編輯：黃花窗

美術設計：何宙樺、劉麗萍

出版：新雅文化事業有限公司

香港英皇道 499 號北角工業大廈 18 樓

電話：（852）2138 7998

傳真：（852）2597 4003

網址：http://www.sunya.com.hk

電郵：marketing@sunya.com.hk

發行：香港聯合書刊物流有限公司

香港荃灣德士古道220-248號荃灣工業中心16樓

電話：（852）2150 2100

傳真：（852）2407 3062

電郵：info@suplogistics.com.hk

印刷：中華商務彩色印刷有限公司

香港新界大埔汀麗路36號

版次：二〇二四年二月初版

二〇二四年六月第二次印刷